给孩子的

昆虫记

GEI HAIZI DE
KUNCHONG JI

〔法〕亨利·法布尔 著

浩君 编译

④

蜂类和
蚂蚁的秘密

民主与建设出版社

·北京·

图书在版编目（CIP）数据

  给孩子的昆虫记.蜂类和蚂蚁的秘密/（法）亨利·
法布尔著;浩君编译.--北京:民主与建设出版社，
2023.1
  ISBN 978-7-5139-4057-3

  Ⅰ.①给… Ⅱ.①亨…②浩… Ⅲ.①昆虫－少儿读
物 Ⅳ.① Q96-49

  中国版本图书馆 CIP 数据核字（2022）第 233376 号

给孩子的昆虫记.蜂类和蚂蚁的秘密
GEI HAIZI DE KUNCHONG JI. FENGLEI HE MAYI DE MIMI

著　　者	〔法〕亨利·法布尔	
编　　译	浩　君	
责任编辑	顾客强	
封面设计	博文斯创	
出版发行	民主与建设出版社有限责任公司	
电　　话	（010）59417747　59419778	
社　　址	北京市海淀区西三环中路 10 号望海楼 E 座 7 层	
邮　　编	100142	
印　　刷	金世嘉元（唐山）印务有限公司	
版　　次	2023 年 1 月第 1 版	
印　　次	2023 年 1 月第 1 次印刷	
开　　本	670 毫米 ×960 毫米　1/16	
印　　张	8	
字　　数	67 千字	
书　　号	ISBN 978-7-5139-4057-3	
定　　价	158.00 元（全 6 册）	

注：如有印、装质量问题，请与出版社联系。

目录
MULU

第三部分

麻醉专家泥蜂

第四部分

蚂蚁家的那些事

第一部分

小蜜蜂，嗡嗡嗡

在春天的公园里，我们会发现很多小蜜蜂，你对它们一定不陌生。它们以吃花蜜为生，还要给自己的宝宝准备花粉丸子、蜂蜜等亲手制作的食物。除了你已经知道的这些习性，它们还有许多有趣的特点和小秘密，读完你就知道啦！

隧　蜂

隧蜂是蜂蜜的辛勤制作者之一，让我们来研究一下它们吧，因为这些隧蜂的确值得我们去了解。

比起蜂房里的蜜蜂来，隧蜂的身材要修长苗条得多。在隧蜂这个庞大的群体中，每只隧蜂的体型和色彩都不同。但是它们却有一个共性——在隧蜂的腹部尾端，有一条纤细的沟槽。这就是隧蜂家族所有成员共有的标志。当隧蜂防御敌人时，它的螫针就会沿着这条沟槽向上滑行。

我的第一个研究对象是斑纹隧蜂，它是隧蜂家族的代表成员。斑纹隧蜂有着优美的身材，就像黄蜂一样。它的腹部很长，在那里有一条淡红色与黑色相间的肩带所形成的环形条纹，非常漂亮。

斑纹隧蜂聚在一起采集做窝用的泥土，不过，每只斑纹隧蜂都只是邻居，而不是住在一起的家庭成员。每只斑纹隧蜂都有属于自己的独立的房屋，任何其他一只斑纹隧蜂都不能擅自闯入，否则房屋的主人就会狠狠地把它推出去。

四月是斑纹隧蜂挖掘地道的时

间。它们在自己的隧道中工作着，只会在地面上显露出一些小土丘。我用芦苇秸编织了一个小栅栏围在那里，在小栅栏的中间放了一个警示的牌子，上面写着"禁止通行"的字样。这种做法可以防止过路人将隧蜂努力修建的工程踩扁，我的家人也不会去

那里。

　　挖掘工程在四月结束，等到五月，斑纹隧蜂已经由挖掘工人转变为采集工人，出去采集花粉了。接下来我想要了解一下斑纹隧蜂的居所，于是带了铲子去挖开了隧蜂的家。隧蜂家的走廊大约有3分米长，直径跟铅笔差不多。在隧蜂居所的底部，每间小蜂房都以不同的高度横向层叠。这些是椭圆形洞穴，大约2厘米。隧蜂的宝宝房建造得很光滑，这是隧蜂用舌头舔出来的，它们的舌头就像是一把镘刀。

　　而且，它的唾液还具有防水漆的功能，可以防止泥土受潮脱落。我在

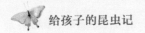

yí gè fáng jiān nèi guàn mǎn le shuǐ fā xiàn lǐ miàn de shuǐ
一个房间内灌满了水，发现里面的水

méi yǒu shèn dào ní tǔ lǐ
没有渗到泥土里。

suì fēng mā ma měi tiān dōu xīn qín de cǎi jí huā
隧蜂妈妈每天都辛勤地采集花

fěn rán hòu gěi yòu chóng bǎo bao zuò tián tián de huā fěn wán
粉，然后给幼虫宝宝做甜甜的花粉丸

zi chī zhí dào yòu chóng kuài yào zhuǎn biàn wéi yǒng suì fēng
子吃。直到幼虫快要转变为蛹，隧蜂

mā ma cái huì yòng yí gè yóu nián tǔ zhì chéng de gài zi dǔ
妈妈才会用一个由黏土制成的盖子堵

zài mén kǒu jiù bú zài guǎn zì jǐ de hái zi le
在门口，就不再管自己的孩子了。

虫虫冷知识
CHONGCHONG LENG ZHISHI

隧蜂的无性繁殖

我们都知道，大部分情况下，动物只有雌雄交配才可以繁殖下一代，但是隧蜂是个例外。隧蜂妈妈既可以通过交配产生下一代，也可以不靠隧蜂爸爸，自己生出可以孵化的卵。隧蜂妈妈会在秋天交配，越冬之后在来年春天产下一些卵，这些卵是隧蜂爸爸和隧蜂妈妈共同的宝宝，里面全是女孩子。到了夏天，隧蜂妈妈又会产卵，不过这些卵没有爸爸，是隧蜂妈妈自己产下的，而且神奇的是，这些卵里面既有男孩子，也有女孩子。

隧蜂家的门卫

昆虫会不会像人一样，记得自己的老家在哪里？没错，很多昆虫会回到母亲住过的地方，比如隧蜂。

隧蜂的子女在春天出生，大约两个月后就长成成虫了。这些小隧蜂在六月的时候第一次离开自己的家。

小隧蜂第一次去花丛中采集花粉与蜜，虽然花丛在很远的地方，但是这并不会让小隧蜂迷路。回来的时

7

候，小隧蜂很快就找到了自己的家，那是它永远也不会忘记的地方。

隧蜂每年会生育两次，在春天出生的那一代隧蜂中只有雌蜂，而在夏天出生的隧蜂中有雌蜂，同时也有雄蜂。春天的时候，隧蜂妈妈孤单地修建着自己的房屋，但是到了夏天，这里会住满一大家子隧蜂，并且都是雌蜂。这座房子是所有隧蜂子女的共有财产，它们不会抢夺房子。隧蜂姐妹们互不干扰地做着自己的活儿，如果在走廊里遇到了，还会互相礼让。

只要我们细心观察，还会发现更有趣的事情。我看到当一只隧蜂回到家门口，家门口那扇门会突然打开，等到隧蜂进入洞中后，这扇门又会立刻关闭。假如有隧蜂要出去，这扇门也会打开。这扇圆柱体似的门就像一个活塞一样，在洞口上上下下地活动。

这扇门是什么东西呢？一只看门的隧蜂。这只看门隧蜂用自己的脑袋堵门，形成了一道很好的屏障。等到有隧蜂想要出入的时候，看门人就会后退到旁边，那里有个小缺口，可以容下它。等到隧蜂出入以后，看门的隧蜂又会回到门口。比起其他的隧蜂，这只看门的隧蜂在身材上并没有什么不同。不同的是，看门的隧蜂头是秃的，它身上的毛掉了一半。看门

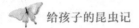

suì fēng shēn shàng de máo zhī suǒ yǐ tuō luò jiù shì yīn wèi
隧蜂身上的毛之所以脱落，就是因为

tā zài jiān shǒu gǎng wèi shí mó diào le
它在坚守岗位时磨掉了。

zhè zhī shǒu hù jiā yuán de wěi dà suì fēng jiù shì zuì
这只守护家园的伟大隧蜂就是最

chū de suì fēng mǔ qīn zhè zhī suì fēng mǔ qīn bǐ qí tā
初的隧蜂母亲，这只隧蜂母亲比其他

隧蜂的年龄都要大，它是家庭的创始人。当它不能够再生育的时候，它就去做了看门人，隧蜂母亲一生都在为家庭做贡献。

看门隧蜂在看护家门的时候非常仔细谨慎，想要进入洞口的隧蜂，必须通过看门隧蜂的检查才行，假如不是这个家族的成员，是绝对进不去的。一只探头探脑的蚂蚁从附近经过，想要知道蜜的香味为什么会从下面飘上来。看门隧蜂会用触角驱赶它，如果蚂蚁再不走，它就要出去揍蚂蚁一顿了。

自由自在的隧蜂爸爸

通过阅读文章我们知道，隧蜂妈妈既要建造新家，又要照顾宝宝，那么隧蜂爸爸去哪里了？它在外面闲逛呢。雄性隧蜂在夏天出生，而且比雌性隧蜂更早成熟，这些雄性隧蜂一成熟就早早离开蜂巢，在花丛中自在地采蜜。直到秋天，它们才会回到蜂巢附近，变成"搬砖工"，非常勤劳地帮助雌性隧蜂盖房子，把雌性隧蜂挖下来的土丢到洞穴外面。等到新房子盖好，雄性隧蜂就会钻到地下的家里，跟雌性隧蜂完成婚礼。之后，雌性隧蜂会关闭蜂巢，来年春天再产卵，而雄性隧蜂就在外面四处流浪，直到死去。

弹棉花高手黄斑蜂

黄斑蜂是一种有点懒的家伙，跟勤劳的蜜蜂不同，它不喜欢挖洞和筑巢，喜欢住在其他蜂丢弃的废旧房子里。不过，它倒是挺擅长"弹棉花"的。

黄斑蜂在选择好住处之后，就开始收集各种植物茸毛，制作一个柔软的睡袋。有一种黄斑蜂很喜欢我为它们准备的芦竹蜂箱，喜欢住在圆柱形

13

的芦竹茎里，现在就让我们来观察一下这个小家伙吧。

黄斑蜂会从干枯的植物上收集茸毛，它喜欢用大颚把它们刮掉，再用前足把茸毛团成黄豆大的小球，用大颚叼着带回来。到家之后，它就用前

足把毛球撕开、铺平，然后大颚一开一合，不断地戳着、拉着这些茸毛，很快就把茸毛变成了柔软的毛毡。毛毡做好以后，黄斑蜂会用额头把它铺在合适的位置，然后飞出去继续寻找材料，循环往复。它制作出的毛毡洁白又柔软，可以跟人类弹的棉花相媲美。除了收集茸毛，它还需要为宝宝准备食物，所以它每隔一段时间就会中断收集茸毛的工作，去采集一些花蜜。

　　从外面看，它做的毛毡窝就像个高高的圆柱体，里面有什么呢？我得剖开看看才知道。剖开一个高20厘米、直径1厘米的圆柱毛毡，会发现里面有10个像羊绒袋子一样的蜂房，每个蜂房里都充满了黏稠的花蜜，蜜里泡着一颗卵。这10个蜂房彼此之间是独立的，有各自的天花板和地板，但彼此又紧紧粘在一起。一间蜂房完工后，黄斑蜂会在上面建造第二间、第三间，就这样，一个圆柱体形成了。

最妙的是，在圆柱体的顶端，黄斑蜂妈妈还会制作一个硬塞子，这个塞子是用粗糙的茸毛做的，可以防御入侵者。

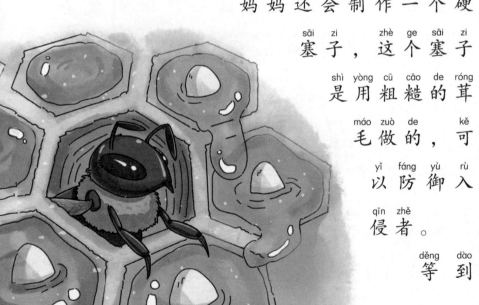

等到

黄斑蜂的宝宝孵化之后，它们就会把脑袋伸进黄斑蜂妈妈准备的蜜汁里，大口大口地喝着。可是如果黄斑蜂宝宝拉了粪便，会不会掉进这些可口的食物里？那将是多么糟糕的事情啊！不过不用担心，聪明的黄斑蜂宝宝直到食物吃完一半时，才会开始拉尼尼。而且，它还会吐出几根丝，把粪粒挂在天花板上，防止它污染食物。这些粪粒还有一个特别的用处，就是在黄斑蜂宝宝做茧化蛹的时候，成为茧的一部分，让茧更加坚硬。过一阵子，黄斑蜂宝宝就变成了成虫，跟自己的妈妈一样，到处收集植物茸毛了。

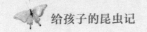

关于蜜蜂的诗

明代著名文学家、《西游记》的作者吴承恩曾经写过一首关于蜜蜂的诗，这首诗用来形容黄斑蜂也很恰当，一起来读一读吧。

咏　蜂

〔明〕吴承恩

穿花度柳飞如箭，

粘絮寻香似落星。

小小微躯能负重，

嚣嚣薄翅能乘风。

带剪刀的切叶蜂

喜欢种花的人，如果每天都观察自己种的月季、丁香，也许会发现叶片上有些奇怪的洞，它们有的呈圆形，有的呈椭圆形，有的甚至整片树叶都只剩一根叶柄了。这是谁搞的恶作剧呢？

这是切叶蜂干的好事。切叶蜂是一种淡灰色的小蜜蜂，它的大颚可以当作剪刀用，当它发现合适的树叶，就会落在上面，咬住树叶边缘，用身体当作圆规，推着大颚转上一圈，就得到了一个小圆片。做完这一切之后，它会用大颚和前足把小圆片对折起来，抱着飞走。

它要这些树叶干什么？当然是制作一个睡袋，用来装卵和蜜汁。那些比较大的叶片，会被做成袋子的底；小一些的叶片可以做袋子的顶盖。我从切叶蜂的芦竹蜂房里取出它的睡

袋，这东西从外面看就像个长长的圆柱体。稍微用力一捏，这个圆柱体就碎成几段了，它由12个睡袋组成。我仔细观察了一下，发现它筑巢的方式跟黄斑蜂很像，是一个一个地把树叶小袋子做好的，并不是先做圆柱体墙壁，再一层一层地制作天花板和地板。

这样脆弱的育儿袋当然不能暴露在外面，所以切叶蜂要找个蜂房或者洞穴来搭窝。它不擅长挖洞，总是喜欢用别的昆虫遗弃的房子，比如蚯蚓的地下宫殿、天牛幼虫钻过的树洞、石蜂的小屋等。仅仅这样就安全了吗？不一定，有时候地下也会有入侵

21

者，而且切叶蜂不喜欢住在太深的洞里。不过聪明的切叶蜂在制作树叶睡袋之前，会找来一些树叶，卷成蛋筒的样子，堆在通道里。因为树叶足够多，足够厚，所以也形成了坚固的屏障。这些蛋筒叶片的一个特点引起了我的注意，它们都是叶脉肥大、长满茸毛的那种叶子。相反，在制作睡袋的材料中，我发现柔软光滑的叶子比较多，比如槐树和野玫瑰的叶子。

有些切叶蜂不满足于切树叶，还会打花朵的主意。有种叫愚笨切叶蜂的家伙喜欢切天竺葵的花瓣，每当我种的天竺葵盛开，这位干劲十足的小家伙就来剪花瓣，剪得只剩一个月牙形。它什么颜色都喜欢，无论白色、红色还是粉色的花，所有花瓣都悲惨地挨了几刀。

睡袋做好之后，切叶蜂就在里面产卵，并且盛满自己给宝宝酿的蜜。切叶蜂幼虫就在这个睡袋里吃着蜜长大，然后在树叶墙壁上结茧化蛹，最后变成跟妈妈一样的裁剪高手。

切叶蜂每次切下的叶片都一样大吗？是的。我收集到一些切叶蜂巢，并且观察了那些用来分隔睡袋的叶片，发现这些叶片的直径几乎一样。切叶蜂当然不会像人类一样带着尺子边量边切，它的小脑瓜也无法计算自己该切多大的一片。因此，我认为这

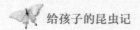

<ruby>是<rt>shì</rt></ruby> <ruby>一<rt>yì</rt></ruby> <ruby>种<rt>zhǒng</rt></ruby> <ruby>了<rt>liǎo</rt></ruby> <ruby>不<rt>bu</rt></ruby> <ruby>起<rt>qǐ</rt></ruby> <ruby>的<rt>de</rt></ruby> <ruby>本<rt>běn</rt></ruby> <ruby>能<rt>néng</rt></ruby> 。

虫虫冷知识
CHONGCHONG LENG ZHISHI

切叶蜂是坏蛋吗？

喜欢在院子里种月季花、玫瑰花的人大概很讨厌切叶蜂，因为这个小家伙总是把叶子剪得残破不堪，让花儿看起来丑丑的。为了防止切叶蜂对叶片下手，他们想了很多办法，甚至想要除掉这种蜜蜂。但是，自然界中不能没有切叶蜂，因为切叶蜂在采集花蜜的过程中，可以帮助植物传粉，毕竟植物的花蕊也有"男女"之分呢！只有雌蕊和雄蕊的花粉相遇，才会让花朵结出果实。但是有些植物的两种花蕊并没有长在同一朵花里，这就需要别人来帮忙，而飞来飞去的切叶蜂就顺便做了这件事。如果没有它们帮忙传粉，世界上的粮食和果实将会大幅度减产，这就意味着我们会挨饿。总之，大自然中的每一个成员都有自己的作用，不能轻易地否定它们。

bì fēng

壁 蜂

二月到了，大地回春，杏花开成了一个个花球，石头堆里的小野花也悄悄开放了。这时，勤劳的采蜜昆虫就开始忙碌起来了，其中最早出现的就是壁蜂，它的身体是铜色的，身上长着红褐色的绒毛。这次就让我们来谈谈壁蜂吧。

大部分的壁蜂不会自己建造房子，它们需要寻找那些适合当作房子的地方，然后进行装修。它们最喜欢的地方有蜗牛壳、树洞、竹管。选好房子之后，要怎么装修呢？壁蜂会把选好的地方分成几间房间，最后再修建一个大门。它们虽然不擅长建房子，但是它们的唾液很神奇，会把普通的泥土做成水泥一样的物质，完全可以用来修建墙壁和大门。这种水泥并不能防水，因此壁蜂不会在开口垂直向上的地方做窝。

我收集了一些壁蜂的茧，可是因为实验室太冷了，它们在四月份才破壳而出。为了方便观察，我为它们准备了玻璃管当作房子，它们也很乐意住在里面。在晴朗的日子里，它们会

出去采集丁香花蜜，吃饱了再回来，雄蜂们会把头伸进玻璃管，朝雌蜂挥动自己的大颚，表达爱意。最后雌蜂

会选择一名幸运儿，跟它一起飞到外面去举行婚礼。

婚礼结束后，雌蜂会清扫玻璃管，在玻璃管里建造小隔间，这小隔间的墙都是环形的，上面有一个小缺口。之后，雌蜂就在这里制作一个蜜饼，这是给未来的宝宝准备的食物。做完一个大大的蜜饼，它就会在上面产卵，然后把小隔间封起来，再接着建造下一个小隔间，并且采集足够的材料，继续制作蜜饼。壁蜂就这样一间一间地建造蜂房，直到这个玻璃管里住满它的卵。最后，它会建造一块厚厚的挡板当作门，防止不速之客的造访。可别以为壁蜂是多此一举，如果不建造这道门，有些寄生蝇、卵蜂虻会闯进壁蜂的婴儿房，跟壁蜂幼虫抢吃的，甚至连壁蜂幼虫一起吃掉。

壁蜂的卵是透明的圆柱体，两头是圆形，竖直地插在蜜饼中间。它给宝宝制作的蜜饼像个夹心饼，中间是柔软的花蜜，外壳是稍硬的花粉，而壁蜂的卵就产在最柔软的部位，宝宝一出生就可以吃到柔软可口的食物，等到壁蜂宝宝年龄大些，就可以吃周围那些硬花粉了。

亲爱的壁蜂宝宝啊，你现在就乖乖地待在家里吧，祝你平安地长大，不要被讨厌的寄生虫们盯上！

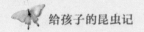

语文加油站
YUWEN JIAYOUZHAN

有关蜂的歇后语

蜜蜂的住房——门小户大

蜜蜂飞进百花园——满载而归

蜜蜂飞到彩画上——空欢喜

小蜜蜂说话——甜言蜜语

蜂窝里掏蛋——不怕讽（蜂）刺

马蜂蜇蝎子——以毒攻毒

马蜂针，蝎子尾——惹不起

mù　　fēng
木　蜂

yǒu hěn duō mì fēng xǐ huan yòng ní ba fēng jiāo
有很多蜜蜂喜欢用泥巴、蜂胶、

shù yè děng gěi zì jǐ zhù cháo bú guò yě yǒu yǔ zhòng bù
树叶等给自己筑巢，不过也有与众不

tóng de jiā huo tā jiù shì mù fēng
同的家伙，它就是木蜂。

zài suǒ yǒu xǐ huan mù tou de chóng zi lǐ mù fēng
在所有喜欢木头的虫子里，木蜂

shì tǐ xíng zuì qiáng zhuàng de le tā zhǎng de hěn cū zhuàng
是体型最强壮的了。它长得很粗壮，

chuān zhe hēi sè de sī róng wài tào chì bǎng shì zǐ sè
穿着黑色的丝绒外套，翅膀是紫色

de kàn qǐ lái yǒu diǎn kě pà cí mù fēng xǐ huan zài
的，看起来有点可怕。雌木蜂喜欢在

mù tou shàng zuān dòng dàng zuò yīng ér fáng xiàng shì shén me kū
木头上钻洞当作婴儿房，像是什么枯

mù bèi pāo qì de jiù mù liáng pú tao shù zhī jià
木、被抛弃的旧木梁、葡萄树支架、

31

老树根，都是它最喜欢的东西。

木蜂是钻孔高手。它会在心仪的木头上面钻出一个直径跟小拇指差不多的洞，还会把钻下来的木屑丢在外面。这个洞非常光滑圆润，看起来就像是人类用工具钻出来的。不过这还没完，通过这个洞口进去，可以到达两到三个坑道，这就是它的蜂房，它会在每个坑道里产卵。这样的工程十分艰辛，因为木头硬硬的，在上面钻洞可不容易。所以我在思考一个问题：假如有已经挖好的洞穴，木蜂愿意直接住进去吗？

答案是愿意的，它也喜欢省事一点，并且它很擅长寻找合适的巢穴。

木蜂通常喜欢住在它的父辈留下来的巢穴里，也喜欢住没被别的木蜂开发过的天然洞穴。不过，不管是哪一种，它在入住之前总要先打扫一下，把墙壁上的脏东西刮下来。葡萄架上有一些空心的芦竹，就被木蜂当成了

好累，这木头上为啥没有窟窿？

豪华坑道，住在这里将会大大减少它的工作量。有时候两个竹节之间的距离很短，它就把竹节给打通。

受到葡萄架的启发，我热情地邀请木蜂住进我的芦竹蜂箱。试探几次之后，它就开心地答应了。每年春天，它都会飞进我的蜂箱，在里面安家。现在，它的工作量非常小，甚至不需要打通竹节，只要建造蜂房的围墙就好了。筑墙的材料是从哪里来的呢？当然是从芦竹上面刮下来的。

这个小家伙吃什么？跟别的蜜蜂一样，它也喜欢吃蜜。在找到合适的住所之后，它就开始到处采集花粉和蜜，这不光是为了给自己吃，它还要在蜂房里塞满这些精心采集的食物,然后在食物堆上产卵。每产下一颗卵,它就修一堵墙,把它跟下一枚即将出生的卵分隔开。

有多少个卵,它就会建造多少个小小的蜂房。这么看来,木蜂的工作量也很大,建造蜂房、产卵、为宝宝寻找食物,全都是木蜂妈妈一个人的任务。在没有合适的洞穴的时候,木蜂妈妈只好在树上钻孔,这很辛苦。如果有像芦竹蜂箱一样的理想住所,木蜂妈妈当然会毫不犹豫地住进去,这样可以节省很多体力和时间。不光是人类,就连小小的昆虫也喜欢偷懒呀!

木 蜂

分布地区： 世界各地（也许你还见过它）

外貌特征： 身体很粗壮，是黑色或者紫色的，有很多黄色的胸毛，触角第 1 鞭节等于或长于第 2 鞭节、第 3 鞭节之和，喙短，翅膀上有彩虹的光泽

身长： 约 13 毫米

缺点： 喜欢钻木头，害苦了很多树木、木制建筑

优点： 喜欢采蜜，帮助植物传播花粉

喜欢的东西： 木头（最好是上面有洞的）、向日葵、太阳花、大丽花

讨厌的东西： 假花、长得像木头的铁

石 蜂

我曾经跟达尔文有过这样一个约定：研究石蜂辨认方向的能力。我想知道如果把石蜂装在袋子里旋转几圈，会不会让它迷失方向。

首先，我需要找到足够的石蜂巢穴。石蜂喜欢在石头、瓦片、墙壁等坚硬的地方做窝，它的窝也是用沙子、泥土筑成的，里面装着它采的蜜。很快，我的助手给我找来了很多石蜂窝，里面还有不少石蜂，它们在我家的走廊和屋子里飞来飞去。起初我的家人很害怕，但我知道，石蜂其实是一种温和的小家伙，只要人不去抓它，它就不会蜇人。有的时候它会

要不要来我家坐坐？

飞到你面前，好奇地看着你，不过它是没有恶意的。

到了做实验的时候了。我要让10只石蜂去旅行，在这之前，我给它们涂上白色的树胶记号。可是这些记号并不牢固，如果石蜂在外面过夜，停在了墙壁上，或者跟伙伴一起挤在狭小的地方休息，记号就会脱落，因此我只能记录有记号的石蜂数量。给石蜂做好记号之后，我把它们装进纸袋子里，再把纸袋子装进盒子。我带着它们走了半公里，然后旋转盒子；之后又走到离家3公里的位置，再次旋转盒子之后，才把这些石蜂放了出来。这些石蜂围着我飞了几圈，就朝不同方向飞走了。

第二天，我给我抓到的另外10只石蜂做了红色的记号，在路上没有旋转盒子。放飞五分钟后，我的女儿在石蜂窝里发现了一只带红色记号的。

第三次我抓了50只石蜂，做上了蓝色的记号，在去放飞它们的路上还旋转盒子很多次，可是这一次，仍然有17只石蜂飞了回来。第四次我抓了20只石蜂，标记了玫瑰红色的记号，依然是旋转了很多次，这一次有7只石蜂飞了回来。实验证明，无论我是否旋转盒子，每次回来的石蜂都占总数的30%~40%。

达尔文提出了新的猜测：石蜂辨

认方向的能力跟磁场有关，它身上有类似磁铁的东西。于是，我在一只石蜂的胸部贴了小磁针，令人意外的是，这只石蜂发了疯一样地在地上打滚儿，绝望地挣扎着，最后狼狈地逃走了。我想，这似乎就是正确答案了，石蜂的身体真的会受到磁力的影响！

可我又错了，我换了个方法，在一只石蜂的胸前贴上一根麦秸，这只石蜂照样发疯了，直到把麦秸扯下来才恢复正常，原来它只是不喜欢胸前被贴东西而已，并没有受到磁力的影响。

昆虫身上有很多秘密，等着我们去搞清楚呢。

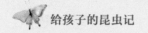

法布尔和达尔文

看到这两个人名，你会不会觉得这两个人之间毫无关系？法布尔是法国人，达尔文是英国人，他们怎么会认识呢？其实他们是同一个时代的人，法布尔只比达尔文年轻了十几岁，同为博物学家的两个人还是好朋友。虽然法布尔对达尔文的进化论提出了一些质疑，但达尔文依然十分欣赏法布尔，经常和他一起探讨有关大自然的秘密。石蜂的实验就是法布尔在达尔文的建议下做的，这期间两人还经常书信往来。遗憾的是，法布尔在给达尔文回信汇报结果时，却收到了达尔文去世的坏消息，因此他把正在写的信改写成了这篇文章。

第二部分

蜂家族里
的猎手

　　我们都知道蜜蜂喜欢吃花
蜜，也喜欢给宝宝吃蜜，是
"素食者"。但是有一些蜂类却
不是这样。它们要么喜欢狩猎
昆虫喂给自己的宝宝，比如蛛
蜂；要么一点也不挑食，比如
胡蜂。更厉害的是，这些家伙
都自带毒液，一点也不好惹。

蜾蠃

在我家附近，居住着好几种蜾蠃，它们长得很像胡蜂，但习性跟胡蜂不太一样。

蜾蠃住在哪里呢？它们喜欢占据其他蜂抛弃的窝或者做了一半的半成品窝，偶尔也自己做。它们有的占用胡蜂丢弃的窝，在里面重新修建墙壁；有的则使用长腹蜂丢下的窝，什么也不用自己动手；有的把一段粗树枝掏空，再在里面建造几堵墙；还有一种勤劳的家伙，会在地上挖洞做窝，还会在门口竖起一根烟囱一样的弯管子。

在别人的书里，我得知蜾蠃也喜欢狩猎，它们的幼虫要吃一种白白胖胖的蠕虫。我打开蜾蠃的蜂房，发现在一个蜂房里，食物还没被吃过，那里有24只小蠕虫。这猎物究竟是什么呢？我仔细观察了一下，发现这是象虫的幼虫。虽然这些象虫幼虫个头很小，但我仍然觉得很惊讶，一只蜾蠃幼虫竟然能吃下这么多食物，蜾蠃妈妈捕猎时该多辛苦啊！此时，蜾蠃的卵还吊在蜂房上面，幼虫没有孵化。

可见，螺蠃妈妈是提前为宝宝准备了食物。

我把这个蜂房连同螺蠃的卵都带回了家，这样就可以观察它们了。那些猎物还会动，看来螺蠃妈妈并没有彻底麻醉它们，只是给了它们一针。

没多久，螺蠃的卵孵化成了一只黄色的小幼虫，它顺着丝爬下来，开始吃第一只猎物。螺蠃幼虫并不是随便抓起一条就吃，它是有顺序的。在卵孵化出来之前，螺蠃妈妈就抓来一些猎物放在卵附近。随着时间的推移，越晚抓到的猎物，放置的位置离卵越远。当幼虫孵化，这些在幼虫身边的最早抓到的猎物早就饿得奄奄一息，毫无反抗之力，娇弱的新生幼虫可以快速吃掉它们。当幼虫逐渐变得强壮，不再害怕受伤，它就会跑到远一点的地方去吃那些后来的猎物。

最妙的是，蜾蠃的家设计得很合理，它把储存猎物的地方挖成圆柱形，把幼虫居住的地方挖成卵形。这样，它就可以把猎物一只一只地叠在储藏室里，而在下面的育儿室里住着的幼虫只要稍微挪动一下，就可以把储藏室里的猎物抓出来，供自己享用。蜾蠃就不怕猎物破坏自己的虫卵吗？不用担心，吊着卵的那根丝可以起到保护作用，让它不会掉到地上被猎物误伤。

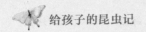
蜾蠃为了自己的孩子煞费苦心，想出了很多巧妙的办法。这是它的本能还是智慧？我越观察越觉得有趣，真相是什么呢？

《诗经》里的小昆虫

《诗经·小雅·小宛》中有这么一句："螟蛉有子，蜾蠃负之。"这句诗的意思是，螟蛉若有孩子，蜾蠃会背它回去养育。这可是个大误会！实际上蜾蠃不光抓象虫的幼虫，还会把螟蛉的幼虫抓来喂养自己的孩子。不过，蜾蠃这样的行为对人类是有益的，因为螟蛉是一种害虫，又叫夜蛾，它的幼虫喜欢吃水稻、玉米、高粱的叶子，而且胃口很大，会严重影响作物的生长。

步甲蜂

在我的家乡，步甲蜂最喜欢的猎物是一个可怕的杀手——螳螂。有种步甲蜂很挑食，它只抓螳螂，别的一概不感兴趣。这种步甲蜂穿着黑色的衣服，身披一条红带，是一种很漂亮的蜂猎手。

它是怎样捕猎螳螂的呢？步甲蜂不敢抓螳螂成虫，只敢对体型稍小一些的螳螂若虫下手。上午十点钟，当天气开始变热时，步甲蜂就出现在草丛里，寻找潜伏在植物上的年轻螳螂。一旦发现螳螂，它就直接飞过去，先在螳螂眼前飞舞一阵，等到螳螂眼花缭乱之时，它赶紧用大颚咬住螳螂的脖子，用腿缠住螳螂的后背，给它来上三针。这样，螳螂就渐渐地不会动弹了，只能任由步甲蜂把它抱走。虽然步甲蜂很快就可以获得猎物，但是带猎物回家的过程可不容易。这里有一种会分泌黏液的草，可以把路过的小飞虫粘住。这不，步甲蜂抱着螳螂飞过草丛，手里的猎物就被这种草粘住了。步甲蜂没办法，只好像拔萝卜一样生拉硬拽，可是螳螂在上面纹丝不动，它只好无奈地放弃了这个猎物。我想，步甲蜂在这方面可真是一点也不聪明啊，为什么它不会避开这棵草呢？

虽然步甲蜂不够聪明，但它有自己的天赋——麻醉。通过解剖，我发现螳螂的前胸上有一个单独的神经块，后面有两个离得很近的神经块。这三个神经块掌管着螳螂六条腿的运动，十分重要。步甲蜂没有解剖过螳螂，但是也知道神经块在哪里，用三针就可以把这些神经块依次毁掉。第一针当然要对掌管螳螂前臂的神经块下手，这一针是最危险的，别看这些螳螂都是若虫，战斗力可一点也不弱。

51

稍有不慎，步甲蜂就会被螳螂那剪刀一样的前臂夹住，成为一只猎物。成功麻醉螳螂前臂之后，剩下的两针就会容易一些。此时螳螂的前臂已经不动了，步甲蜂只要在螳螂身上后退1厘米，再在离得很近的两个神经块上扎针就好了。

跟别的狩猎蜂一样，步甲蜂抓螳螂可不是为了填饱自己的肚子，它是要用螳螂喂养自己的宝宝。步甲蜂的宝宝胃口很大，所以步甲蜂在产卵之后，要努力地抓来很多螳螂放在窝里，防止它的宝宝饿肚子，这也许就是母亲的本能吧。

螳螂怕什么

强大冷酷的杀手螳螂几乎什么昆虫都吃，体型又比大多数昆虫都大，看似没有天敌。其实并不是的，像文中的步甲蜂就是螳螂若虫的一大天敌。那螳螂成虫怕什么呢？它怕鸟儿、啮齿类动物、青蛙、蜥蜴和大蜘蛛。这些体型比螳螂还大的动物一言不合就吃只螳螂当点心，就算螳螂用剪刀吓唬它们也无济于事。自然界的法则就是这样，几乎每个物种都有自己的天敌。不过这也并非坏事，因为如果让某一个物种失去天敌，无限地繁衍下去，会对其他物种造成影响，甚至整个自然界都要遭殃。

聪明的蛛蜂

砂泥蜂喜欢的毛虫、飞蝗泥蜂喜欢的蝗虫，都像是温和的绵羊，被抓时毫无反抗之力，也没有什么武器。可是蛛蜂的猎物就不一样了，是同样喜欢吃肉的蜘蛛。那么蛛蜂和蜘蛛相遇时会决斗一场吗？

我们都知道蜘蛛是著名的猎手，可是在蛛蜂眼里，它倒成了猎物。蛛蜂很挑食，只会抓蜘蛛喂养幼虫。这两种动物都是猎手，且势均力敌。蛛蜂有高超的作战策略和打击手段，可蜘蛛也有阴险的圈套。蛛蜂行动敏捷，可是蜘蛛也不差，而且有的蜘蛛还会织网。说起毒液，蛛蜂有很多麻醉剂，而蜘蛛的毒液也是致命的。所以，两者对决，谁会成为猎物呢？

答案是蜘蛛。有一次，我见到一只个头很大的蛛蜂嘴里衔着狼蛛飞过，那可是狼蛛啊！那可是能杀死熊蜂、木蜂甚至麻雀的可怕杀手啊！可是现在，它成了蛛蜂给幼虫吃的食物。

我跟踪这只蛛蜂，发现它在荒石园的某个墙根下随便找了个洞，就把

<ruby>蜘<rt>zhī</rt></ruby><ruby>蛛<rt>zhū</rt></ruby><ruby>给<rt>gěi</rt></ruby><ruby>拖<rt>tuō</rt></ruby><ruby>了<rt>le</rt></ruby><ruby>进<rt>jìn</rt></ruby><ruby>去<rt>qù</rt></ruby>。<ruby>不<rt>bù</rt></ruby><ruby>久<rt>jiǔ</rt></ruby><ruby>它<rt>tā</rt></ruby><ruby>又<rt>yòu</rt></ruby><ruby>出<rt>chū</rt></ruby><ruby>来<rt>lái</rt></ruby><ruby>了<rt>le</rt></ruby>，<ruby>原<rt>yuán</rt></ruby><ruby>来<rt>lái</rt></ruby><ruby>它<rt>tā</rt></ruby><ruby>已<rt>yǐ</rt></ruby><ruby>经<rt>jīng</rt></ruby><ruby>在<rt>zài</rt></ruby><ruby>蜘<rt>zhī</rt></ruby><ruby>蛛<rt>zhū</rt></ruby><ruby>身<rt>shēn</rt></ruby><ruby>上<rt>shàng</rt></ruby><ruby>产<rt>chǎn</rt></ruby><ruby>了<rt>le</rt></ruby><ruby>卵<rt>luǎn</rt></ruby>。<ruby>蛛<rt>zhū</rt></ruby><ruby>蜂<rt>fēng</rt></ruby><ruby>把<rt>bǎ</rt></ruby><ruby>洞<rt>dòng</rt></ruby><ruby>口<rt>kǒu</rt></ruby><ruby>封<rt>fēng</rt></ruby><ruby>住<rt>zhù</rt></ruby>，<ruby>就<rt>jiù</rt></ruby><ruby>飞<rt>fēi</rt></ruby><ruby>走<rt>zǒu</rt></ruby><ruby>了<rt>le</rt></ruby>。

<ruby>现<rt>xiàn</rt></ruby><ruby>在<rt>zài</rt></ruby><ruby>让<rt>ràng</rt></ruby><ruby>我<rt>wǒ</rt></ruby><ruby>们<rt>men</rt></ruby><ruby>来<rt>lái</rt></ruby><ruby>看<rt>kàn</rt></ruby><ruby>看<rt>kan</rt></ruby><ruby>这<rt>zhè</rt></ruby><ruby>个<rt>ge</rt></ruby><ruby>洞<rt>dòng</rt></ruby><ruby>吧<rt>ba</rt></ruby>。<ruby>这<rt>zhè</rt></ruby><ruby>是<rt>shì</rt></ruby><ruby>泥<rt>ní</rt></ruby><ruby>瓦<rt>wǎ</rt></ruby><ruby>匠<rt>jiàng</rt></ruby><ruby>来<rt>lái</rt></ruby><ruby>我<rt>wǒ</rt></ruby><ruby>家<rt>jiā</rt></ruby><ruby>干<rt>gàn</rt></ruby><ruby>活<rt>huó</rt></ruby><ruby>时<rt>shí</rt></ruby><ruby>留<rt>liú</rt></ruby><ruby>下<rt>xià</rt></ruby><ruby>的<rt>de</rt></ruby><ruby>洞<rt>dòng</rt></ruby>，<ruby>蛛<rt>zhū</rt></ruby>

蜂是不会自己挖洞的，它只会在墙脚随便找个大小合适的洞，再用一堆灰做个门。挖开这个洞，我发现卵就贴在狼蛛身上，狼蛛此时一动不动，肚皮软软的，好像还活着。它的确还活着，只是不会动了而已。我把这个倒霉蛋放在我的盒子里，发现它整整七个星期都保持着新鲜柔软的状态。

我还想看看蜘蛛和蛛蜂怎么搏斗。据我观察，蛛蜂很谨慎，绝对不会贸然靠近蜘蛛的家。蛛蜂和蜘蛛之间的较量很精彩，蜘蛛总是躲在家门口，而蛛蜂一看到蜘蛛，就会扑上去，咬住蜘蛛的一条腿，试图把它拖出去。

有些蜘蛛会拼死反抗，还有的蜘蛛身上挂着充当安全带的丝，保证自己不会掉到地上。可是蛛蜂很有耐心，会一次一次地埋伏，直到把蜘蛛拉出来，扔得远远的为止。蜘蛛被扔出了自己的阵地，吓得不敢出击，蛛

蜂就赶紧给它扎上一针，我还没来得及仔细看，蜘蛛就已经瘫痪了。有的时候，蛛蜂干脆就在死去的蜘蛛的家里产卵，卵当然是产在这只倒霉的蜘蛛身上。

总之，蛛蜂是一种既聪明又有耐心的猎手。

蛛蜂的家

蛛蜂是一位优秀的猎手，但不擅长建筑工作。就像文章中说的那样，它不太挑剔住处，墙角下的一个小洞、一个旧蜗牛壳、蚯蚓留下的地道，都是它很喜欢的"房子"。不过，蛛蜂其实也会稍微"装修"一下自己的家，它会在房子的内壁上涂抹一些像水泥一样的涂层，用来防水。据说这样的涂层其实没什么用，不过蛛蜂自己应该会感到十分满意。

胡蜂大家族

九月，我带着我的小儿子保尔去探险，他发现了一个胡蜂窝。胡蜂喜欢攻击人，在白天拿走胡蜂窝是很危险的，所以我决定晚上再来。

到了晚上，我带着汽油和芦竹来到这里。胡蜂的窝很特别，是圆圆的。它看起来像是纸做的，上面有一个大拇指粗细的出口。我把芦竹插进出口，灌了些汽油进去，再堵上洞口，等到早晨就可以来拿走这个胡蜂窝了，因为汽油会把胡蜂熏晕。这个胡蜂窝在地下的一个地洞里，不过没有完全跟地洞的洞壁相贴，胡蜂窝的底部离地洞的底还有一段距离。洞底是胡蜂的垃圾场，胡蜂会把生活垃圾拖到那里去丢掉。这个洞是胡蜂齐心协力挖出来的，但是那些挖出来的土去哪里了？这些土粒被胡蜂叼着，一点一点运到了很远的地方。

胡蜂的建筑材料是一种灰色的薄纸，是它们用自己收集的木浆制作的。这种纸的抗寒能力不够好，但是聪明的胡蜂很精通热力学，它们把纸像鳞片一样，一层层地盖在蜂窝上，形成了空气夹层，就可以起到保暖的作用。胡蜂的家里是什么样的呢？里面有很多蜂房，总数数以千计，有些大的蜂窝里甚至有上万个蜂房。每年至少有三条幼虫在一个蜂房里住过，这样一个蜂窝一年要养出上万只胡蜂。

胡蜂不挑食，它喜欢吃甜甜的水果和花蜜，偶尔也吃肉。每当有昆虫擅自闯进胡蜂的家，或者在胡蜂家门口停留，愤怒的胡蜂就会一拥而上，用针刺它，对它拳打脚踢，把它揍得在地上滚来滚去。最后，它们会把奄奄一息的入侵者拖进垃圾堆，如果这个入侵者十分肥美，它们就直接吃掉它，或者把它喂给自己的幼虫。有的时候，胡蜂甚至到处找碴，去外面捕

zhuō kūn chóng wèi yǎng zì jǐ de bǎo bao
捉昆虫喂养自己的宝宝。

dào le dōng tiān hú fēng huì lù lù xù xù sǐ
到了冬天，胡蜂会陆陆续续死

wáng jí shǐ gěi tā men tí gōng le shí wù hé wēn nuǎn de
亡，即使给它们提供了食物和温暖的

huán jìng yě wú jì yú shì zhè xiē hú fēng zài bīn lín
环境，也无济于事。这些胡蜂在濒临

sǐ wáng de shí hou jiù huì zhǔ dòng tiào dào lā jī kēng
死亡的时候，就会主动跳到垃圾坑

zhōng fáng zhǐ zì jǐ de shī tǐ zài wō lǐ fǔ làn rú
中，防止自己的尸体在窝里腐烂。如

我只是路过而已！

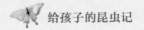

果有胡蜂在窝里死去了，工蜂会把它们拖出来，扔进垃圾坑。最后，胡蜂工蜂也会死去。

胡蜂为什么会在冬天集体死亡呢？我想这就是大自然的安排吧，胡蜂窝相当于一个有三万居民的城市，如果每只都生育，并且寿命很长，那将是多么可怕的灾难啊！

可怕的胡蜂

我们都知道，胡蜂是一种杂食性的蜂，不光吃甜甜的水果和花蜜，有时也吃蜜蜂。它经常去养蜂人的蜂箱周围打猎，不过猎来的蜜蜂不光是为了吃。胡蜂会奴役被自己抓来的蜜蜂，让蜜蜂成为自己家的仆人，帮忙照顾胡蜂幼虫。胡蜂的脾气很差，即使有比它大很多的动物闯进它家附近，它也会召集同伴一拥而上，把对方刺得鼻青脸肿。在去野外游玩时，一定要注意远离胡蜂的蜂巢。

怕冷的长腹蜂

有很多昆虫喜欢栖息在人类的家里，其中长腹蜂算是最有意思的一种。它体态优雅、行为谨慎，而且不像苍蝇、蚊子那样讨人厌，现在我们就来说一说这位谦虚的居民吧。

长腹蜂很怕冷，喜欢在阳光下行动。为了让自己和家人更温暖，它还需要住在人的房子里。它特别喜欢有壁炉的人家，一间没有壁炉、墙壁也没有被烟熏黑的房子，是不会得到它的信任的。在没有壁炉的房子里住，它一定会被冻僵。

在酷热的七八月，这个小家伙就出现了。它会在壁炉周围徘徊，寻找合适的筑巢地点。屋里来来往往的人们不会在意它们，它们也不怕人类打扰。它会一蹦一跳地巡视四周，用触角探测每一个地方，一旦发现合适的地点，它就会衔来一块泥巴放在那里，作为新家的第一块地基。长腹蜂不一定把家安在哪里，但有几个原则是不变的：要足够温暖，而且不能忽冷忽热，还不能被火烧到。所以，它们通常喜欢在烟囱的入口处安家。在这里安家也有个缺点，就是自己的家容易被烟熏黑，不过这也很好地掩护了它们，因为这时它的家看起来就像墙上没有抹匀的泥点子。

　　有一次我在我家的壁炉附近遇到了这个小家伙。它体态轻盈，身上有

咳咳，今天的烟有点呛．

一条长线，长线后面悬着蒸馏釜一样的肚子。我让我的家人帮我留意它，不要让火苗伤到这位勇敢的建筑师。很快，它在合适的位置用泥巴做窝，我在那里挂了一个温度计，发现温度是35～40摄氏度。我又在其他几个长腹蜂巢附近测量了一下温度，大部分都是40摄氏度以上，这说明长腹蜂的幼虫需要在这样的温度里生长。

这个小家伙吃什么呢？它们吃蜘蛛，偶尔也吃别的昆虫。跟蛛蜂不同的是，长腹蜂会直接冲向猎物，然后抓住它就跑。长腹蜂虽然不挑食，但也从来不敢欺负大蜘蛛，只会抓小一点的蜘蛛。这样粗暴的捕猎方式会让

zhī zhū dāng chǎng bì mìng　　bú guò méi guān xi　　cháng fù fēng
蜘蛛当场毙命，不过没关系，长腹蜂

de yòu chóng hěn kuài jiù néng chī wán yì zhī xiǎo zhī zhū　　wǒ
的幼虫很快就能吃完一只小蜘蛛。我

céng jīng guān chá guo cháng fù fēng de fēng fáng　　fā xiàn lǐ miàn
曾经观察过长腹蜂的蜂房，发现里面

tōng cháng yǒu　　zhī zuǒ yòu de xiǎo zhī zhū　　cháng fù fēng yòu chóng
通常有8只左右的小蜘蛛。长腹蜂幼虫

huì yì zhī yì zhī de chī diào tā men　　huā fèi de shí jiān
会一只一只地吃掉它们，花费的时间

bù cháng　　yīn cǐ bú yòng dān xīn liè wù biàn zhì
不长，因此不用担心猎物变质。

长腹蜂的家

　　长腹蜂的家是用泥巴做的，没错，就是外面常见的那种泥巴。它的家一点也不防水，不过它也不需要防水。每个蜂巢里有好几个管状的蜂房，通常有10个左右，最多的时候有15个，每个蜂房里都有一个卵。有的时候这些蜂房是并排的，看起来就像排箫。不过更多的时候，它像是一个表面不规则的泥巴团，就像是淘气的孩子甩到墙上的泥巴一样。为了喂饱幼虫，长腹蜂每天都要在这个罐子一样的蜂巢里塞满小蜘蛛，非常辛苦。

fēng lèi de dú yè

蜂类的毒液

huà xué de guān diǎn yì bān rèn wéi mó chì mù kūn chóng
化学的观点一般认为，膜翅目昆虫

de dú yè gè bù xiāng tóng bèi fēng lèi gōng jī de kūn chóng yǒu
的毒液各不相同。被蜂类攻击的昆虫有

de má bì piān tān yǒu de xíng dòng shī kòng yǒu de zé
的麻痹、偏瘫，有的行动失控，有的则

huì cán jí yě yǒu de hěn kuài jiù sǐ diào
会残疾，也有的很快就死掉。

wǒ men dì qū yǒu yì zhǒng jù xíng de bái é zhōng sī
我们地区有一种巨型的白额螽斯，

tā bǐ jiào qiáng zhuàng kě shì bèi mì fēng zhē le zhī hòu
它比较强壮。可是被蜜蜂蜇了之后，

zhè zhī páng rán dà wù huì jié lì zhēng zhá zuì hòu wú lì zài
这只庞然大物会竭力挣扎，最后无力再

zhàn qǐ lái tuǐ má bì le lǎng gé duō kè de fēi huáng ní
站起来，腿麻痹了。朗格多克的飞蝗泥

fēng zhē le jù zhōng xiōng bù sān cì zhuàng tài yě shì zhè yàng
蜂蜇了距螽胸部三次，状态也是这样。

dì sì tiān yí dào jù zhōng jiù sǐ le
第四天一到，距螽就死了。

由此我得出了两个明确的结论。

其一，蜜蜂的毒液极其厉害，无论体格再怎么健壮的昆虫，只要对着它的中枢神经一蜇，四天内必会死于非命。其二，最初的麻痹只影响胸部的神经，之后才会向其他部位扩散。

如果不在胸部神经节上螫刺，那将是怎样一种情况呢？我找来一只雌距螽，在它的腹面中部刺了一下。它似乎不太注意自己的伤势，在玻璃钟形罩里英勇地攀爬，甚至还啃起了葡萄叶。我在它的腹部两侧及中央又刺了三下，第一天，距螽看上去没有任何感觉；第二天，距螽行动慢了些；又过了两天，它竟然没什么力气了；到了第五天，它就一命呜呼了。

有一个例外，那就是花金龟幼虫。它们有自己的屏障，那就是它们稀疏的纤毛和肥厚的胸膜，可以抵御螫针的刺入，这样刺总也扎不深，或歪到一边。不过我已经知道了，螫针如果正对着胸神经，一下就能将猎物蜇死；如果对准的是其他部位，那么只会让昆虫受伤。因此，毒液是对神经中枢起作用的。

那么，是谁告诉蜂类要刺猎物的胸部的呢？如果一只蛛蜂的祖先栖息在煤页岩中，它的猎物是某种蝎子，会怎么样？它会和当今的蛛蜂一样，先让对手无法反抗，再把毒针刺进去。如果没有一下子刺死敌人的本事，那蛛蜂就无法繁衍后代。因此，只有能杀死敌人的蛛蜂活了下来，它们的后代继承了它们的刺杀技巧，一代一代传下来，才有了我们今天看到的蛛蜂。

不过，猎物是会变化的，为什么这

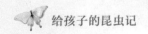

些昆虫依然懂得怎么去制服它们呢？

土蜂虽然只有简单一击，但并不比砂

泥蜂一连串的蜇刺逊色多少，其他的

昆虫也各有自己的捕食方式。

总之，每种猎手都十分了解猎物

的生理结构，都能凭借本能，找到猎

物神经组织的秘密。

野外如何防蜂

不要贸然经过无人的花丛、草地。

去野外郊游时不要喷香水，也不要使用有香味的化妆品、香皂。

如果看到头顶有蜜蜂盘旋，或者附近有蜂窝，要悄悄后退，绕道而行。

不要捅马蜂窝，这是种危险的行为。

如果蜂类发现了你并朝你扑来，而你已经没有逃跑的机会时，不要试图反攻，要尽量用衣物盖住脑袋。

第三部分

麻醉专家泥蜂

泥蜂是一种很特别的蜂，它们独来独往，不喜欢建造六边形的巢，虽然喜欢吃花蜜，但不能酿蜜。这些小家伙有更厉害的绝活——麻醉其他小昆虫。凡是被泥蜂盯上的昆虫，都免不了被麻醉的命运。不过泥蜂可不会随随便便就欺负别的小虫子，它是为了自己的宝宝，它的宝宝喜欢吃肉。

泥蜂

在离我家不远的河岸上，有一个我很喜欢的观察点，是一片树林。不过这可不是长满参天大树的那种树林，而是一片橡树灌木丛。在这里有一片沙地，我可以尽情观察泥蜂。

这里有丰富的野味和硬度适中的沙土，是泥蜂的天堂。一只泥蜂飞过来，落在沙地上挖土。它用有力的腿不停地挖呀挖呀，我断定下面一定藏着它的小窝，在离地面几寸深的下方，是湿润坚实的土地，泥蜂就在那里安家。说不定小窝里还有一枚卵，或者一只泥蜂幼虫，正等着妈妈给它送去可口的苍蝇。幼年的泥蜂喜欢吃各种苍蝇，因此泥蜂妈妈每天都会去抓苍蝇带回家，就像老鹰抓小兔子、小鸡那样。泥蜂的家很隐蔽，从外面根本找不到入口，通道更是藏在柔软的沙子里，连泥蜂妈妈自己回家时都要先挖开沙子。泥蜂妈妈这样做窝，是为了防止宝宝被天敌和讨厌的寄生蜂盯上。

　　泥蜂是怎么捕猎的呢？它身手敏捷，一旦有苍蝇停留在离它不远的地方，它就冲过去先扑倒苍蝇，再在苍蝇的胸口打上一针麻醉剂。之后，它就抱着一动也不动的苍蝇回家，并且在苍蝇的胸口处产下一颗卵，卵孵化成幼虫后，就可以吃到美味了。当然，一只苍蝇是不够幼虫宝宝吃的，

灭苍蝇，我是专业的！

可是泥蜂的家很小，容不下很多食物。泥蜂妈妈在幼虫出生后，就在家附近看守，估计幼虫的食物快吃完了，就去抓一只新鲜的苍蝇，回到地下喂给幼虫吃。那它自己吃什么呢？它喜欢吃花蜜，有时候也会去瘦姬蜂的头上舔舔蜜汁，躺在沙地上晒晒太阳。泥蜂妈妈总能准确地找到自己的家，从不迷路，真是令人佩服。

　　一只泥蜂幼虫从孵化到蛹期，要吃掉多少只苍蝇呢？我找到了一只胖乎乎的泥蜂幼虫，把它带回我的实验室，亲自抓苍蝇来喂养它，它每天都要吃很多苍蝇。到了第九天，它拒绝吃东西，并且开始结茧了。我数了一

下，它在我这里吃掉了62只苍蝇。

不过，泥蜂妈妈可没有我这么大方，捕猎是很辛苦的。我通过观察发现，泥蜂妈妈会在猎物丰富的时候多

zhuā yì xiē　　cún zài lí yòu chóng fēng fáng bù yuǎn de cāng kù
抓一些，存在离幼虫蜂房不远的仓库

lǐ　děng dào tiān qì bù hǎo de shí hou　　　ní fēng mā ma
里。等到天气不好的时候，泥蜂妈妈

jiù kě yǐ cóng zhè ge　　cāng kù　　lǐ ná yì xiē shí wù
就可以从这个"仓库"里拿一些食物

gěi yòu chóng chī　　cōng míng jí le
给幼虫吃，聪明极了。

泥蜂跟谁学捕猎

　　泥蜂是怎么学会抓虫子的？是天生就会的吗？当然不是，是泥蜂妈妈教会它的。有些高等的角胸泥蜂科昆虫，会逐步训练发育中的幼虫。在幼虫刚孵化的时候，泥蜂妈妈会提供一些完全不会动的食物，等泥蜂宝宝长大一点，泥蜂妈妈会根据泥蜂宝宝的年龄和体型，依次提供会动的、会走的、会飞的猎物，慢慢训练它们的捕猎能力。可是幼虫要变成蛹，再变成成虫，这段时间它们会忘记妈妈的教导吗？不会的，昆虫的记忆力很好，即使变成蛹，它脑袋里面还会保留很多关于童年的回忆。

节腹泥蜂
jié fù ní fēng

　　yǒu yì zhǒng ní fēng hěn tiāo ti　　zhuān zhuā jí dīng chóng
有一种泥蜂很挑剔，专抓吉丁虫

hé xiàng chóng　　zhè wèi tè bié de liè shǒu jiù shì jié fù
和象虫，这位特别的猎手就是节腹

ní fēng
泥蜂。

　　jié fù ní fēng gēn qí tā de ní fēng yí yàng　　xǐ
节腹泥蜂跟其他的泥蜂一样，喜

huan zài gān zào de shā zhì tǔ rǎng lǐ zhù cháo　　tā de jiā
欢在干燥的砂质土壤里筑巢。它的家

lǐ yǒu wǔ gè xiǎo xiǎo de fēng fáng　　fēng fáng de xíng zhuàng hé
里有五个小小的蜂房，蜂房的形状和

dà xiǎo dōu xiàng yí gè gǎn lǎn　　nèi bì guāng huá yòu jiān
大小都像一个橄榄，内壁光滑又坚

gù　　jié fù ní fēng mā ma huì zài měi gè fēng fáng lǐ fàng
固。节腹泥蜂妈妈会在每个蜂房里放

sān zhī jí dīng chóng　　bìng qiě zài jí dīng chóng shēn shàng chǎn
三只吉丁虫，并且在吉丁虫身上产

卵，之后它就封闭蜂房。等宝宝孵出来之后，会去吃妈妈为它准备的吉丁，然后逐渐长大、变成蛹，最后成为跟妈妈一样的吉丁杀手。

这些吉丁不会变质吗？卵要好几个星期才孵出来，在炎热的夏天，节腹泥蜂妈妈抓到的吉丁是怎么保存的？过去有一位昆虫学家认为，节腹泥蜂妈妈在吉丁的身体里注射了防腐剂，让死去的吉丁不会腐烂。其实，吉丁根本没有死，只是被麻醉了而已。节腹泥蜂妈妈为它注射了一些麻醉剂，让它只能呼吸，不能乱动。它还是有生命的，所以不会像一块肉一样腐烂。

我曾经把一些节腹泥蜂的猎物挖出来，放在我的实验室里观察。我发现这些吉丁在被麻醉后的第一个星期，还会缓慢地排便，只有肚子里的食物都消化完了，它才会停止排便。

一开始，它们还会时不时地抖一下腿，摆动几下触角；可是随着时间的延长，它们越来越懒，到了第十天，它们就完全不动了。

节腹泥蜂在遇到心仪的猎物时，会扑上去，用自己的大颚咬住对方的喉，然后用前腿使劲压住猎物的后背，让它的腹部微微张开。因为甲虫身上有一层光滑坚硬的外壳，所以节腹泥蜂只能这样做。这时，节腹泥蜂会把自己的毒针伸到猎物的胸部下面，弓起身子，狠狠扎上几下。就这样，可怜的猎物瞬间就一动不动了，连挣扎都来不及。然后，节腹泥蜂就会把猎物翻过来，用腿紧紧抱住它飞走了。

我对节腹泥蜂的捕猎方式感到非常惊讶，即使我把一只小甲虫用大头针刺穿，钉在墙上，它也会挣扎很久的。而节腹泥蜂只是用很细的针扎了它几下，注射了一点毒液，它就一动不动了。可以看出，有时候昆虫的受伤程度跟伤口的大小无关。

在那根毒针的刺入点发生了什么呢？我还需要继续探究。

节腹泥蜂

家乡： 地球　　　　　　　　　　**职业：** 麻醉师

居住地： 干燥又向阳的土坡

外貌特征： 体型细长，体长 4 ~ 48 毫米，腰很细，尾巴上有毒针，身体是黑色的，身上有黄色或红色花纹。触角是丝状的，有分节，雄性 13 节，雌性 12 节

喜欢的猎物： 吉丁虫、象鼻虫

泥蜂妈妈的特长： 三针放倒一只虫、制作橄榄形房屋、照顾宝宝

泥蜂爸爸的特长： 打架抢婚、看热闹、瞎溜达（好孩子可别学它）

砂泥蜂的手术

砂泥蜂身材纤细，体态轻盈，腹部末端非常狭窄，身穿黑色服装，肚子上装饰着红色丝巾。它的远房亲戚黄足飞蝗泥蜂喜欢捕捉蝗虫、蟋蟀等直翅目昆虫，可砂泥蜂最喜欢抓幼虫。

我见过砂泥蜂捕猎夜蛾幼虫的过程。它掐住猎物的脖子，把螫针刺在猎物的胸口上，动作非常迅速，而且一针就够了。砂泥蜂的卵会产在失去知觉的那个体节上，只有在这个部位，砂泥蜂不会担心猎物扭动伤到宝宝。我经常会想，如果猎物没被完全麻痹，幼虫该多么危险啊。要知道猎物是很大的，对砂泥蜂宝宝来说就像一条巨龙，要是它在狭小的洞里扭动身子，很可能把幼虫宝宝甩到墙上。

我曾经看到一只毛刺砂泥蜂扒着百里香根茎处的土，把头钻到掀起来的小土块下面。一条肥大的黄地老虎幼虫不知道发生了什么事，爬了出来。这下它可完蛋了，砂泥蜂扑过去，骑在这庞然大物的背上，准备刺它。不过砂泥蜂可没有乱刺，而是先给第五、六体节之间的部位来了一针。这一针下去，黄地老虎幼虫的身体就不怎么会动了，任由砂泥蜂摆布。然后砂泥蜂用嘴巴咬住猎物的皮层，把螫针伸到猎物肚子所在的下面，刺入第一个体节，再后退一步。它每后退一步，螫针就刺入下一个体节，就这样，它把猎物身上的体节全刺了一遍，一共刺了九针。这场景就像一个外科大夫正有条不紊地操着手术刀，熟练地做手术。

做完这样的手术，砂泥蜂会跳到一边，时而匍匐在地，时而浑身发抖。我十分担心，以为砂泥蜂在跟黄地老虎幼虫的搏斗中受伤了。但是不一会儿，砂泥蜂便平静了下来，抖抖翅膀，弯弯触角，又敏捷地奔向猎物。原来，它这是在庆祝自己成功捕获了猎物，开心地跳起了舞。

这只猎物太肥了，砂泥蜂的小房

一会儿就好，相信我！

信谁也不能信你！

子可装不下。沙泥蜂在把猎物拖到家门口后，会进到洞里，用身体刮刮墙壁，扩建一下房间。

被砂泥蜂麻醉的猎物没有死亡，只是不会动了而已。即使被砂泥蜂宝宝啃咬，它仿佛也感觉不到痛。砂泥蜂只有这样麻醉猎物，才能让宝宝一直有新鲜又安全的食物吃。因为砂泥蜂宝宝的饭量很小，一条大大的幼虫可以让砂泥蜂宝宝吃很久，如果猎物是死掉的，那要不了多久就会变质了。

原来，高明的麻醉师砂泥蜂所做的一切，都是为了自己的宝宝，母爱真是伟大啊！

砂泥蜂怎么睡觉

　　砂泥蜂虽然有自己的家，但那是给幼虫宝宝建造的，它除了送食物，很少回去。那它需要睡觉吗？要去哪里睡觉？砂泥蜂当然也需要睡觉，不过它睡觉的时候可不会躺在地上，更不会打呼噜、流口水。它睡觉的方式很独特，喜欢用六只脚抱住一根草茎，有时候光抱着还不够，还得用大颚咬住草茎。虽然这么睡不如躺着舒服，但是可以避免自己被露水打湿。砂泥蜂没有眼皮，因此睡觉时也是睁着眼睛的。如果你在野外见到一只抱着草秆一动不动的砂泥蜂，请别去打扰它的美梦呀。

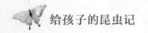
勤劳的飞蝗泥蜂

膜翅目昆虫在攻击甲虫时，往往能清楚地知道对方身上的弱点，一击就可以刺伤三个运动神经中枢。但它们抓不抓没有盔甲的昆虫？飞蝗泥蜂就很喜欢抓蟋蟀、蝗虫这类软皮昆虫。

黄足飞蝗泥蜂破茧而出的日子在七月份。它从黑暗的地下摇篮中飞出来，快乐地吃着花蜜。然而八月一过，黄足飞蝗泥蜂就必须开始筑巢了。黄足飞蝗泥蜂通常都是成群地盖房子，一起开发选好的场地。黄足飞蝗泥蜂总是经过精心考虑后选定家的位置。说起它们选择安家的场地，有两个条件是必不可少的，一是要有易于挖掘的沙土，二是有充足的阳光照射。

筑窝是一项漫长而艰巨的工程，其过程往往要持续整个九月。工地上尘土飞扬，工人们用前腿上的耙子迅速地挖着土，一边干活一边唱歌。多么欢乐的一群伙伴！很快，它们就挖出了一条条隧道。时不时地，它们会中断地下的工作，到阳光下伸伸懒腰。几个小时内，地道就挖好了。

要想好好观察飞蝗泥蜂完工的

家，需趁它们远出捕猎时。地道的入口先是一个门厅，这是通往隐藏所的通道，洞穴深处是一个椭圆形的蜂房。这个蜂房比较长，蜂房入口非常狭窄，仅够一只黄足泥蜂带着猎物通行。一个洞穴中通常有三个这样的蜂房，飞蝗泥蜂在第一个蜂房产下一枚卵，为即将出生的幼虫备足食物后，就将蜂房的入口封住，在旁边挖第二个蜂房，同样产卵存放食物，然后再挖第三个。

飞蝗泥蜂必须在九月底前盖好房子产下卵，还必须要分秒必争地准备很多蟋蟀，这是给未来的宝宝准备的口粮。最后，它还要把窝封好，防止入侵者伤害宝宝。这是多么烦琐的劳动啊!现在一只飞蝗泥蜂回来了,大颚咬着一只胖乎乎的蟋蟀,那只蟋蟀已经被它麻醉了。它休息了一会儿,用力一跃,跃过家附近的沟壑。余下的路程基本上是步行,这条路上草禾盘根错节,它不小心被绊住了。它仿佛有点不知所措,前走走,后退退,绞

就快到家了!

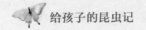

jìn nǎo zhī xiǎng bàn fǎ　　zuì hòu zhōng yú fēi le chū lái
尽 脑 汁 想 办 法 ， 最 后 终 于 飞 了 出 来 ，

bǎ　xī shuài tuō dào mù dì dì　　　fēi huáng ní fēng fàng xià liè
把 蟋 蟀 拖 到 目 的 地 。 飞 蝗 泥 蜂 放 下 猎

wù　　xùn sù xià dào dì dào lǐ　　jǐ miǎo zhōng hòu yòu bǎ
物 ， 迅 速 下 到 地 道 里 ， 几 秒 钟 后 又 把

tóu shēn chū dòng wài　　yì bǎ zhuā zhù xī shuài de chù jiǎo
头 伸 出 洞 外 ， 一 把 抓 住 蟋 蟀 的 触 角 ，

měng de shǐ jìn　　liè wù jiù luò dào le cháo xué de shēn
猛 地 使 劲 ， 猎 物 就 落 到 了 巢 穴 的 深

chù
处 。

泥蜂的针

我们都知道，当蜜蜂蜇了人或动物，会把针留在对方的身上，蜜蜂自己也会因此受重伤，甚至死亡。可是泥蜂抓了那么多猎物，针在猎物体内扎了那么多次，为什么没事呢？这是因为蜜蜂和泥蜂的针是不一样的。用放大镜看，会发现蜜蜂的针上有倒刺，一旦扎进其他动物的皮肉，就很难拔出来，大多数情况下蜜蜂一用力，就把刺弄断了。而泥蜂的刺就像一根针，所以可以轻松地扎进猎物体内，再轻松地拔出来。蜜蜂的刺只是一种防身利器，而泥蜂的刺是它的捕猎工具。

大头泥蜂

在泥蜂家族中，有一个家伙既喜欢吃蜜蜂，又喜欢喝它们酿的蜜，它就是大头泥蜂。

为了观察这家伙是怎么捕猎蜜蜂的，我把它和两只蜜蜂放在了玻璃罩子里。它一发现前面的蜜蜂，就赶紧冲了上去，跟一只蜜蜂打成了一团。蜜蜂当然也不是好惹的，马上用自己的那根长针和它一决高下。可是没过多久，混乱的局面平息了，蜜蜂输给了大头泥蜂，仰面躺在地上。大头泥蜂与蜜蜂面对面，用六只脚抓住蜜蜂，给它的脖子上来了一针，蜜蜂马上就一动不动了。更厉害的是，大头泥蜂有时候还会抱着蜜蜂站起来，然后用后腿和翅膀支撑身体，翘起毒针扎蜜蜂。无论采取什么姿势，大头泥蜂总是准确地攻击蜜蜂大颚下面的一点，那是蜜蜂全身最脆弱的地方。

跟其他泥蜂麻醉师不同，大头泥蜂是一位真正的杀手。它用毒液直接杀死了蜜蜂，而不是麻醉它。大头泥蜂想要一具尸体，而且它杀死猎物的速度很快，它是从哪里学到的？更可怕的是，蜜蜂在遇见大头泥蜂时，丝毫不会害怕，因此大头泥蜂总是很容易抓到蜜蜂。

大头泥蜂的手法很残忍，它会找蜜蜂身上的弱点下手。在蜜蜂颈部有一些很重要的淋巴结，是蜜蜂的生命中枢，一旦这里受损，蜜蜂就会一命呜呼。本来蜜蜂颈部是有外骨骼保护的，但就在大颚下面有一个很小很小的点，它没有被外骨骼包住。大头泥蜂能够找到这个小点，并且准确无误地把螯针扎进去，注射一些毒液。没一会儿，可怜的蜜蜂就倒在地上，一动不动了。如果多来几只大头泥蜂，这里的蜜蜂将会面临多么可怕的大屠

^{shā ya}
杀呀!

^{dà tóu ní fēng wèi shén me yào shā sǐ mì fēng ne   wǒ}
大头泥蜂为什么要杀死蜜蜂呢?我

^{jì xù guān chá   fā xiàn tā huì àn yā mì fēng shēn shàng de}
继续观察,发现它会按压蜜蜂身上的

^{mì náng   bìng qiě tān lán de shǔn xī zhe lǐ miàn de huā mì}
蜜囊,并且贪婪地吮吸着里面的花蜜。

^{yǒu shí hou   dà tóu ní fēng xū yào yòng mì fēng wèi yǎng yòu}
有时候,大头泥蜂需要用蜜蜂喂养幼

虫；可有的时候，它只是为了吃口蜜，就要了蜜蜂的命，这太残忍了。

我注意到一个特别的现象：每当大头泥蜂把蜜蜂带给幼虫时，会先把这只蜜蜂的蜜囊舔干净，才放心地把蜜蜂肉留给宝宝吃；即使它自己已经吃饱了蜜，也还是这样。难道蜂蜜里有某种宝宝不能吃的毒素吗？这似乎不合理，因为很多蜂类也会用蜜喂养幼虫，而且为什么大头泥蜂自己吃蜂蜜就不会中毒？

为了搞清这件事，我做了个实验，把一些大头泥蜂的幼虫挖了出来，给它们吃带蜂蜜的蜜蜂。令我惊讶的是，无一例外，它们在几天后全都死掉了。

大头泥蜂小的时候完全不能吃蜂

蜜，长大后却是个蜂蜜爱好者，这真是太不可思议了。其实，很多种泥蜂自己并不喜欢吃肉，打猎只是为了填饱宝宝的肚子。我猜，这或许是因为肉类食物营养丰富，更适合宝宝的成长，而成虫就不需要这种营养品了。

虫虫冷知识
CHONGCHONG LENG ZHISHI

谁喜欢吃蜜蜂

蜜蜂对人类来说是一种经济动物，就像奶牛、母鸡一样，可以为我们提供食物。很多昆虫也喜欢蜜蜂，因为在这些昆虫眼里，蜜蜂就像一块甜甜的蜜汁肉。大头泥蜂是一种以捕捉蜜蜂为生的职业猎手，除了它，还有一些食肉昆虫也会吃蜜蜂。比如螳螂，在花季，螳螂偶尔会抓到蜜蜂，给自己来一顿甜点。还有一种叫食虫虻的家伙，它什么虫子都吃，自然也不会放过蜜蜂。一些小动物也爱吃蜜蜂，除了爱吃虫的鸟类，杂食性的小刺猬也喜欢吃蜜蜂，它经常在晚上偷偷溜进蜂箱尽情饱餐，让养蜂人很头疼。

第四部分

蚂蚁家的那些事

　　想不到吧？蚂蚁和蜜蜂是亲戚，它们都是膜翅目昆虫，如果你仔细观察一下它们，会发现它们的身体也有一些相似之处呢。蚂蚁虽然很勤劳，也不挑食，但有些蚂蚁并不是什么善良的家伙，甚至像强盗一样。

红蚂蚁强盗

在我的荒石园里，有一种红蚂蚁。

这种红蚂蚁就像喜欢抓奴隶的强盗，它们自己不会寻找食物，更不会哺育孩子，就连吃饭都需要别人来喂。这样的家伙该怎么生存呢？它们会偷别人家的孩子来为自己干活。它们喜欢打劫周围的其他品种的蚂蚁邻居，把它们的蛹抢回来，等这些蛹破茧而出，红蚂蚁家族就有了勤劳的仆人。不用担心这些蚂蚁仆人会跑掉，因为它们什么也不记得了，还会以为这里就是自己的家，自己也是红蚂蚁家族的一员。

当炎热的六七月到来时，红蚂蚁大队就出发了。它们前进时会一直保持着队形，一旦发现前方可能有蚂蚁窝，领头的红蚂蚁就会停下来，乱哄哄地散开，原地转圈。这时，几只侦察兵会爬到四面八方去打探情况，如果前方没有蚂蚁窝，它们就迅速恢复队形，继续前进。

终于，它们找到了一个黑蚂蚁的窝，一股脑地闯进黑蚂蚁的宿舍，找

到那些蛹，叼起来就跑。黑蚂蚁哪能轻易让红蚂蚁得逞？负责守卫那些卵的黑蚂蚁会勇敢地冲上去，跟红蚂蚁打一架。这时，双方会进行混战，打成一团，场面非常触目惊心。但是身材瘦小的黑蚂蚁根本不是红蚂蚁的对手，红蚂蚁甚至可以用嘴巴叼起黑蚂蚁，丢在一边。不过红蚂蚁并不会杀掉这些黑蚂蚁，毕竟如果把这些黑蚂蚁都杀死了，黑蚂蚁的后代也就跟着消失了，红蚂蚁到哪里去寻找新的奴隶呢？跟黑蚂蚁打过一架之后，每只红蚂蚁的嘴里都会叼着一枚黑蚂蚁蛹，陆续离开黑蚂蚁的家，排成队按原路返回。

这伙强盗的行动是提前计划好的吗？并不是。到了需要奴隶的时候，红蚂蚁就会成群结队地从窝里出来，进行一次远征。远征的终点并不是确定的，它们一路走，一路寻找蚂蚁窝，合适的蚂蚁窝很可能就在附近，也有可能在很远的地方。但是，我只看到过一次红蚂蚁跑到荒石园外面的情况，说明在大部分时间，它们可以在附近找到合适的目标。

除了目标不确定，红蚂蚁的路线也是充满了坎坷。有时候它们运气好，恰好选择了一条平坦的路。可有些时候就不行了，前进的路上全是树叶堆、大石头，甚至还有水流。即使

yù dào zhè xiē kùn nan hóng mǎ yǐ yě háo bú tuì suō
遇到这些困难，红蚂蚁也毫不退缩，
ér shì xuǎn zé yǒng gǎn de fān yuè zhè xiē dào lù qí qū de
而是选择勇敢地翻越这些道路崎岖的
dì fang ér qiě hái huì yuán lù fǎn huí
地方，而且还会原路返回。

有关蚂蚁的歇后语

蚂蚁肚里摘苦胆——难办

蚂蚁关在鸟笼里——门道很多

蚂蚁看天——不知高低

蚂蚁爬上放大镜——身价（架）百倍

蚂蚁爬进药罐——自讨苦吃

蚂蚁生疮——小毛病

蚂蚁身上砍一刀——浑身是伤

蚂蚁爬皮球——无边无沿

蚂蚁的腿，蜜蜂的嘴——闲不住

不会迷路的红蚂蚁

据说，红蚂蚁是用嗅觉来认路的，我不是很赞同这个观点，因此我要观察一番。

红蚂蚁出门时和归来时要走同样的路线，即使这条路充满危险，它们也完全不怕。因此，人们认为蚂蚁在走过的路上留下了特殊的气味，所以才能准确地辨认出这条行进路线。我曾经看见一群红蚂蚁排队走在池塘护栏边，一阵风吹来，几只红蚂蚁掉进池塘，被金鱼给吞掉了。我想，它们回来时还会走这里吗？一定会选择一条安全的路吧。事实证明我错了，它们原路返回了，并且给金鱼送去了双份点心——蚂蚁和蚂蚁蛹。

有种毛虫会在爬过的地方留下丝线，方便自己顺利回家。蚂蚁会不会也是这样？我仔细观察了红蚂蚁经过的路面，那里什么都没有。侦察蚂蚁实在是太浪费时间了，于是我请我的小助手——六岁的小孙女露丝来帮我。她对红蚂蚁很感兴趣，并且有很多时间。有一天，聪明的露丝看到红蚂蚁出窝了，就沿着红蚂蚁走过的路线撒

上了白色的小石子，这真是帮了我的大忙。

这条路线有一百多米长，我先把其中一段路上的尘土都扫掉，换上了新的，又设置了四个出口。果然，满载而归的红蚂蚁们慌了，有的往后退，有的在徘徊，乱作一团。最后有

几只蚂蚁绕了个弯，成功走上了下一段路，其他蚂蚁也跟着走过去了。这似乎说明，蚂蚁真的依靠嗅觉认路，因为我对路面的清理不够彻底。

接下来，我用水冲断了下一段路，水能带走气味，这下红蚂蚁应该会迷路了吧？可是红蚂蚁们犹豫了一下，还是勇敢地跳进水里，越过急流，回到了正确的路上。最了不起的是，就算它们身处急流中，随时会被冲走，也绝对不放开嘴里的蛹。我又用新鲜的薄荷叶在地面上擦，留下浓烈的薄荷香味，可是红蚂蚁依然顺利地走过去了。看来，红蚂蚁并不是依靠嗅觉认路。

我猜它们跟人类一样，依靠视觉认路。这次我在地上铺了几张大报纸，又在下一段路铺了一些黄沙，改变路的外观和颜色。果然，这次红蚂蚁犹豫了很久，最后有少数几只勇敢地带着大家走到了正确的地方。这些勇敢的蚂蚁先是小心翼翼地绕过陌生

这人一定是要请我们看报！

的报纸，在报纸边缘看到了自己熟悉的景物，确定这条路没有错，于是勇敢地踏上了报纸。我觉得我的猜想是对的，它们虽然高度近视，但记忆力非常惊人。

一只蚂蚁的记忆力是什么样的呢？和我们有什么不同？我无法回答。但我观察到，蚂蚁对于自己到过一次的地方，印象特别深刻。一队蚂蚁如果在第一次远征时，战利品多到拿不回来，那么他们就会沿着原路再去一次。无论相隔多少天，它们都会记得这条路。我想，没有哪种气味可以保持好几天，因此我断定红蚂蚁是靠视觉和记忆力认路的。

虫虫档案
CHONGCHONG DANGAN

红悍蚁

外号：亚马逊红蚂蚁、蚂蚁强盗、土匪蚁、蜢蚁

性格：不按常理出牌，有时候很勤劳，比如走很远的路去抢劫；有时候很懒，连饭都要别人喂

兴趣爱好：抢别人家的孩子、打群架（好孩子可不能学它）

居住地：亚热带、热带的潮湿地区

喜欢的食物：甜食、肉类

缺点：老抢劫别的蚂蚁、会传播细菌病毒、爱咬人

优点：团结友爱、记忆力好、可以做成药造福人类（但不可以直接抓来吃）

蝉和蚂蚁

人类很愿意通过传说去了解动物，但这是不科学的。

比如关于蝉和蚂蚁的故事：整个夏天，蝉都在树上高声歌唱，当看到小蚂蚁们成群结队地往洞里搬运食物的时候，它觉得这一切很可笑，于是继续在树上高声歌唱。到了冬天，蝉忍冻挨饿，终于有一天，它来到了蚂蚁家，祈求蚂蚁给它一点食物。可事实真的是这样的吗？当然不是。蝉在冬天是不可能出现的，况且它的嘴巴像根吸管，又怎么会吃得下蚂蚁储存的麦粒和饼干渣呢？

在炎热的天气里，蝉在树皮上钻了一口小井，然后开心地吮吸着甜美的树汁。很快，蜜蜂、苍蝇、花金龟等小昆虫都来讨水喝，当然来的最多的就是蚂蚁大军。它们围住这口小井，舔着井口流出来的汁液。蚂蚁大军发现蝉很宽厚，不会跟这些小家伙们计较，于是越来越过分，甚至试图拔出蝉的口器，还去啃蝉的爪子，要把蝉赶走。蝉不耐烦地甩飞了几只蚂蚁，但蚂蚁大军没有善罢甘休，蝉只

好朝它们头上撒了一泡尿，就走开了。

蚂蚁们觉得，只要蝉被赶走了，它们就可以独占这口井。可它们错了，一旦蝉停止吸取树汁，那口井里就不会再有饮料冒出来。蝉的主要食物就是树汁，因此它有一个又长又坚硬的口器，可以钻开树皮，从坚硬的木头里面吸取汁液，这一点是其他昆虫做不到的。观察到这里，我想我们应该改变对蝉的看法了。明明是蝉辛辛苦苦地打出了井，而蚂蚁却想要不劳而获，甚至想把蝉打出的井也霸占了。

更过分的事还在后面。蝉歌唱了

一个夏天，在初秋时分，它的生命就快结束了，从树上掉了下来。这个时候，蚂蚁大军再次出现，把躺在地上的蝉一点一点地撕碎，运回家去当作食物。可是这个时候的蝉还没有完全断气，它轻轻地抖动着翅膀和腿，却没有力气挣脱蚂蚁大军的围攻。很快，蝉的躯体被蚂蚁大军分了个干干净净，连一点残渣都没留下。

我想蝉在弥留之际一定很伤心吧？在夏天的时候，蝉曾经把树汁分给蚂蚁们喝，只是在自己的水井被抢的时候，往蚂蚁身上撒了些尿，也没有做过更过分的事情。可是现在，蚂蚁竟然把它也当成食物！现在，谁是

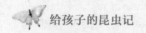
bù láo ér huò de jiā huo dá àn hěn míng xiǎn le

不劳而获的家伙？答案很明显了。

虫虫冷知识
CHONGCHONG LENG ZHISHI

其实蚂蚁也会飞

仔细观察蚂蚁，你会发现很多普通蚂蚁身上都没有翅膀，那为什么它是膜翅目昆虫呢？其实蚂蚁是有翅膀的，是它们的分工方式影响了翅膀的生长。在蚂蚁家族里，有四种成员：工蚁、公主蚁、雄蚁、蚁后。我们常见的没有翅膀的蚂蚁是工蚁，它们虽然是雌性的，但不生育，只负责干活儿。蚁后除了生出工蚁，还会生一小部分的公主蚁和雄蚁，它们长大后会拥有翅膀，飞出蚁巢，在外面进行交配。之后，雄蚁会死去，而公主蚁会成为新的蚁后，产卵并建立新的蚂蚁家族。